How To Start a Veranda Garden

How To Start a Veranda Garden

How To Start a Veranda Garden

園藝達人實例＆竅門

親手打造一坪大的
森林系陽台花園

Prologue

無論住在公寓、大廈還是住宅區，
只要有陽台，
就能親近植物——
這就是「陽台花園」。

雖然許多人最初是以隨性態度接觸園藝，
但陽台與庭院的差異卻讓人面臨到許多難關。
像是沒有土壤、日照不足、空間狹窄——
除了上述的諸多不利條件之外，
也要確保逃生路線通暢，
是否會造成鄰居困擾方面等，
進行最大限度的考量。

儘管如此，
只要費盡心思打造小小庭院，
它就會是你專屬的城市綠洲。
配置桌椅後，還會醞釀出置身在咖啡店的氛圍。
在植物的包圍下，
漫步於森林內的心境也油然而生。
純然地親近植物，
也能締造療癒時光。

Contents

來，一起加入陽台花園的行列吧！
僅是擺放盆栽，未免太可惜了。
只要參考次頁介紹的
達人們的創意點子，
本來無機質的水泥空間，
也能脫胎換骨成為鮮嫩欲滴、綠意盎然的小天地。

CHAPTER 1

5位達人的陽台花園

本單元將介紹陽台園藝專家們，
將陽台花園的構思發揮到淋漓盡致的庭院。
有的是完整呈現自然風貌；
也有設計成白色仿舊風格的優雅房間；
還有替植物搭配出引人入勝的趣味感，
更有與古董相輔相成的空間，
及繁花似錦的庭園。
別出心裁的陽台設計，實在很難不讓人心生嚮往。

Junk

DATA

空間尺寸：寬7×深1.8m
日　　照：略偏西的南向・良好
植　　物：橄欖・薹草・黑法師・大戟・蔓性夏雪（攀爬玫瑰）etc.

White

DATA

空間尺寸：寬5×深1 m
日　　照：面朝東南向・良好
植　　物：薰衣草・常春藤・橄欖・薄荷・波浪瓣香堇菜etc.

Natural

DATA

空間尺寸：寬4.3×深0.85m
日　　照：面朝東南向・良好
植　　物：人造花・香雪球・香葉天竺葵・野草莓・三色堇etc.

Flourish

DATA

空間尺寸：三個空間內將近1坪的正方形空間＋1坪的細長空間
日　　照：面向正南方・良好
植　　物：三色堇・鐵線蓮・玫瑰・黃木香・聖誕玫瑰・橄欖・風鈴草・山桃草・水仙etc.

Panorama

DATA

空間尺寸：寬5.6×深1.6m
日　　照：南向・良好
植　　物：天竺葵・薰衣草・聖誕玫瑰・葉牡丹・陸蓮花etc.

從廚房後門延伸出去的小陽台。每天早上往返廚房和陽台的四趟澆水是例行公事。「清爽的早晨固然不錯，但在橘色夕陽照耀下的陽台也很迷人！」

DATA

空間尺寸：寬4.3×深0.85m
日　　照：面朝東南向・良好
植　　物：人造花・香雪球・香葉天竺葵・野草莓・三色堇etc.

Natural

渾然天成的陽台花園

與其說喜歡花園，
不如說著迷於自然的原始風貌。
也許是感受到植物
那股自食其力的成長力量，
每天早晨都灌注了源源不絕的活力。

將中意的花草栽於植物空隙，是K女士獨樹一格的組合精髓。

將收到的花束插在土中栽培的香葉天竺葵。「生根時我超感動的！」

「每天早上，我都會和植物講話。」

花和果實都很可愛的野草莓。將新芽當作插枝的幼苗，栽種在各處的盆栽之中。

打開廚房後門，從餐廳眺望花園是她每天的樂趣。

以漂流木製作的拱門，在夏天是綠色隧道。以手工門簾遮蓋隔板。

「因為我沒有園藝知識，只能天生天養。光是有花草相伴身邊，感覺就很開心。」K女士笑盈盈地表示。當陽台花園掀起風潮時，她將圍籬漆成藍色，在垂吊花盆內進行組合栽種。

「這樣作也很可愛，但總覺得和我要的不太一樣。返鄉後，我開始想在陽台上重現被綠色植物療癒的喜悅。」

自小長大的福島草地和田間小路的景致，成為她打造陽台的起點。

以雜草間露出來的花朵情景進行混栽，還有農家小屋一隅的意境也油然而生。

遇到像暑假等長期不在家的時刻，囑託住在同住宅區的鄰居代為澆水一事，對她而言也是很美好的回憶。

「陽台為我牽起人與人之間的羈絆。」

最近她會開口邀3歲孫子：「去外面野餐吧！」並一起坐在長椅上享用午餐，或製作小花束。K女士的陽台花園，確實傳達出她渴望重現能感受自然空間的訴求。

在原本的鋁門上，以雙面膠黏貼2mm厚的合板，再漆成藍色。並替窗戶裝上寬2cm的窗框。

「不求盡善盡美，
想感受自然原始風貌。」

令人憶起田間小路渲染上粉紅色春景的三色堇，外觀美麗卻很健壯。

喜歡香雪球皺巴巴的可愛姿態，會蔓延成地毯狀，散發怡人芬芳。

上層右至左／將山繡球放在鳥籠造型的花盆內，提著去郊遊吧！繡球花是能製作成切花花材及乾燥花的珍寶。／替結束營業的古董店讓出來的舊木材裝上椅腳，當成花架＆板凳。／利用彎成L形的管線打造的臨時桌。／原本紅褐色磚頭暴露在風雨之中，磨損的磚角醞釀出優秀質感。／快枯萎的葉子和花梗一律放入編織籃，平時勤於摘除可減輕打掃的負擔。／信手擺放的農具和植物很搭配。／到了春天時葉子會由紅轉綠，綻開黃花的垂盆草，屬於景天的一種，強健好養不需要照顧。「利用分株及頂芽插條便能輕鬆繁殖喔！」

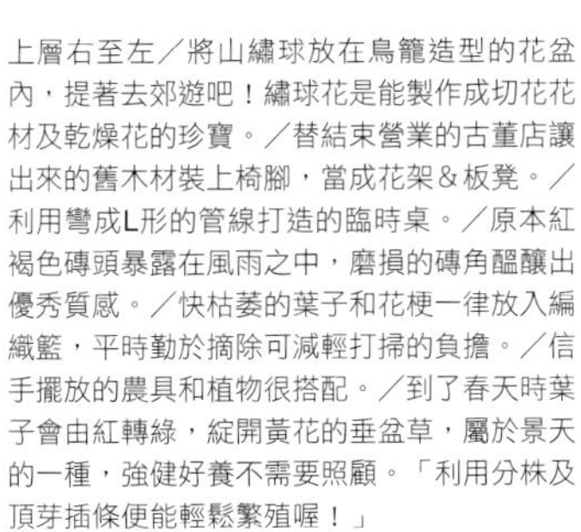

模範陽台的重點

屋齡49年的住宅區。採縱向格子圍籬，通風與日照均良好。將拆解的格子圍籬安裝在柵欄上，打造成農場風籬笆，或擺放粗圓的長椅，反覆變換花樣。

運用古董屏風拆解下來的木板，遮蓋露出的配管。活用剩餘木板去遮蔽柵欄的頂板。

僅是從曬衣場懸掛布簾或布料，就成為令人憧憬的遮雨篷，更兼具抗UV效果，真是一舉兩得！

以原野木道為設計意象，替外側的地板鋪上舊木材，內側的蜿蜒小徑則是以磚頭來表現。

位於陽台末端的室外機。為避免堵塞通風口利用牆板圍起來，室外機上面則是垃圾桶＆園藝用具的收納空間。

DATA	
空間尺寸：	寬5×深1m
日　照：	面朝東南向・良好
植　物：	薰衣草・常春藤・橄欖・薄荷・波浪瓣香堇菜etc.

White

配合室內裝潢的陽台花園

希望讓陽台與室內裝潢有整體感，
所以收納箱和圍籬一律採白色搭配。
懷抱著育兒般的心情，
日復一日疼愛著親手栽培的植物。

屋齡45年住宅的曬衣場，徹底脫胎換骨成超完美空間。漆成藍色的格子窗框後門，替清一色呈仿古白的陽台增添時尚視覺焦點。

從眾多種類的常春藤中挑選罕見的Enjoy，帶條斑的細葉相當時尚。

鍾愛香草的香氣，因此光是摩洛哥薄荷、蘋果薄荷等薄荷品種，就多達7種。

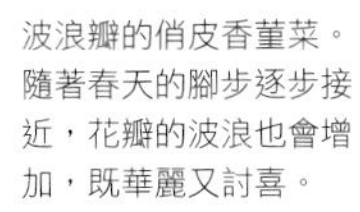

波浪瓣的俏皮香菫菜。隨著春天的腳步逐步接近，花瓣的波浪也會增加，既華麗又討喜。

告知春天即將來臨的葡萄風信子。不僅有基本款紫色，也有栽種白色和藍色品種的球根。

僅容單人勉強通過的小陽台。以百葉窗和架子等為背景。與其替花園添購器具，不如將淘汰品翻新裝飾。

將原本替玄關隔間的百葉窗運用在陽台上，將圍籬立放固定於水管上。

就算在陽台，也想要享受開放式花園的氛圍……

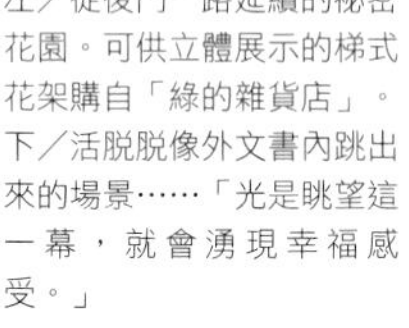

左／從後門一路延續的祕密花園。可供立體展示的梯式花架購自「綠的雜貨店」。下／活脫脫像外文書內跳出來的場景……「光是眺望這一幕，就會湧現幸福感受。」

在17年前，A女士認為陽台只是曬衣服的場所。而讓她大大改變想法的契機，是去參觀了朋友的開放式花園。

「僅是為庭院背景增添圍籬，植物頓時就賞心悅目，令我相當震撼！我想小陽台應該很快就能完成。」

除了搭設圍籬之外，她還動手改造百元商品和家中淘汰品等，一件接著一件……陽台擄獲了A女士熱愛手工藝的心，並脫胎換骨成為她栽培愛好植物，享受手工藝和更換花樣樂趣的空間。

「起先是陶瓦和黑色花盆參差不齊。

最近為配合室內裝潢，統一採用仿古白為主題。我於自宅開

懸掛在門後的園藝用具小模型，飽經風雨的生鏽感很迷人。

陽台上栽種的植物，也經常挑戰新品種。

上層右起／將古董玻璃燈罩擺在大盤子上當作水盤。浮在透明玻璃上面的花瓣和植物賞心悅目。／令人聯想到配置在庭院飲水處的水龍頭模型，是花園的必需品。木製名牌為A女士親手打造。／發想自庭院築巢的鳥。沒想到蛋居然是以紙黏土親手捏製！／豪華的重瓣鬱金香為新品種，球根購於好市多。

下層右起／與時尚空罐形成對比色。「我喜歡令人聯想到巴黎的灰色調。」／古董磅秤也是花園的小道具。／鍾情於薰衣草隨風搖曳的風情。／可愛的波浪燈，曾是竹久夢二的愛用品。

模範陽台重點

利用鐵絲在住宅區特有的縱向格子柵欄上，固定格子木框、百葉窗、合板。替組合成L形的木板固定在柵欄上當作花架台。由於位居一樓，恰好用來遮蔽外來的視線和防盜。

右／以鐵絲將白樺木固定在配管支撐器上，遮蔽露出來的配管。白樺木購自清里的雜貨店〈むーあん空峠店〉。中／以古董磚塊鋪地板。挑選大小、形狀不一致的磚頭，就像在拼拼圖般鋪滿地面。左／將水藍色調的高格調招牌立在室外機側面，掩飾無機質感。

設紅酒教室的學生們，也很期待我的陽台花園，無形中也成為一種鼓勵。」僅一坪左右的祕密花園，告訴我們小空間也可以化身為花園，豐富心靈和生活。

DATA

空間尺寸：寬7×深1.8m
日　　照：略偏西的南向・良好
植　　物：橄欖・薹草・黑法師・大戟・蔓性夏雪（攀爬玫瑰）etc.

Junk

雜貨是陽台花園的主角之一

探訪各式各樣的店鋪，
學習到雜貨搭配植物的樂趣。
以黑色和鐵器為配角，木頭為基底，
打造夢寐以求的率性空間。

除了園藝店之外，也會去逛咖啡店和古董店尋找靈感並加以實踐。運用鐵鏽、黑色及舊木材詮釋出的復古感，構成時尚個性的布魯克林風格。

Y先生說：「這裡是我的大盆景。除了植物之外，也塞滿了雜貨和手作物品等私人愛好物。」一開始他打造陽台庭院時，根本不曉得植物的挑選方法和裝飾方法，對於栽培成功與否也忐忑不安。但探訪了各式各樣的店家後，領悟到只要有雜貨和植物，就能布置的很可愛。於是以木箱打造舞台。「我選擇底部是網狀的高麗菜箱，不會遮到日光且透氣佳。」

除了打造舞台之外，為栽培出生龍活虎的植物，也加倍地付出關愛。基本上像澆水時摸盆內土壤，必要時才給予充足水分。當日照隨著季節變遷改變，也要更換植物配置的位置。移植則挑選不會給植物過度負擔的春秋兩季等，諸如此類的關懷都不可或缺。Y先生那份精心打造陽台花園的堅持，也讓陽台上的植物都生機盎然的開枝散葉，彷彿置身在清爽宜人的負離子之中。

上／賞心悅目的薹草擁有雅致葉色和輕盈葉姿，相當適合充滿男子氣概的庭院。右／活用糕點模具和馬口鐵雜貨，作為景天和多肉植物的花器。

從特大窗戶一覽陽台的格局。室內裝潢也配合陽台的調性來打造整體感。

可愛圓葉的野天胡荽，以杯子進行水耕。

以成熟氣息風靡萬眾的黑法師，直立的枝幹和螺旋狀葉顯得個性十足。

細長彩葉呈放射狀散開的澳洲朱蕉，構成組合盆栽的視覺重點。

利用高低落差展現立體感。

上（小）／斜掛的梯子替空間詮釋動感。／（大）最初呈紅褐色的地板，隨著歲月洗禮流露迷人風韻。

Y先生以陽台花園創作者「RIKA」的身分參加活動，並開設研習會。右上4張圖，右上／將標語牌和吊掛花盆，固定在木箱底部的金屬網上。左上／以園藝告示牌掩飾葉子零星、流露寂寞氣息的橄欖枝幹。右下／排列在木箱上的多肉植物。壺型鐵架和裝有迷你盆栽的鐵絲手工藝品都是親手製作。左下／馬口鐵盒收納著肥料和椰纖屑等園藝用品，亦是打造舞台的珍貴寶物。上／等待上場的盆栽也是展示的一部分。右邊3張圖，右／為水槽更換復古風格水龍頭統一風格。以木箱和立放的車輪遮住暴露在外的配管。中／挑選自然和時尚的掃除用具來提高打掃的興致，左／在看得見摩登外牆的部分疊上木箱，打造多肉植物專區。

「只要有常春藤和木箱，便能著手打造陽台花園。」

模範陽台重點

將從客廳看得見的陽台右側闢為花園，將左側的廚房闢為曬衣場。使用不易腐朽的熱處理材鋪在塑膠踏板上，每年會移動一次植物和地板材料刷洗地板。

右起／不喜歡洗滌物摻雜其中而拆掉原有的曬衣台，在客廳看不到的位置設置曬衣竿。／改造咖啡豆麻布袋，遮住花園的隔板。／基於地上的室外機熱風會傷害植物的經驗，獲得管理公司的同意移動至上方。／以橡皮管裹住固定牆板的五金零件，以免遭雨淋生鏽後弄髒外牆。／利用纏繞配管的網子誘導多花素馨，減少配管的存在感。

Panorama

環景陽台花園

被融入古董的
植物與雜貨團團包圍的陽台，
全年綠意盎然。

右／運用凳子和花盆架，替陽台左側製作高度。採用具高低落差的雙排立體布置來營造分量感。小鳥在陽台上歌唱的壁貼，張貼在隔板上，相當可愛。左／擺有曬衣架的右側，為了讓清洗衣物更快曬乾而稍微減少花盆的數量，改以雜貨為主角。將尤加利等植株高、不耐強風的植物配置在窗際。

聖誕玫瑰是朋友送的生日禮物，很喜歡重瓣呈現出的高雅配色。

健壯耐活，在盛夏和冬天之外都會開花的天竺葵。從15年前栽種至今，已插枝繁殖成3盆。

美麗花瓣層層疊疊的陸蓮花。花謝後就會將球根乾燥保存，待10月再移植。

DATA

空間尺寸：寬5.6×深1.6m
日　　照：南向・良好
植　　物：天竺葵・薰衣草・聖誕玫瑰・葉牡丹・陸蓮花etc.

左／擺放頭花蓼且附水龍頭的花台，是前任房客留下的物品。中／鑑於客廳凳子細長，遂挪為陽台使用。右／將新品種野草莓Golden Alexandria懸掛起來，萊姆色的葉子相當罕見。

在牆板上製造高低落差醞釀節奏感，活用先前住所使用來張貼隔扇的牆板。

天氣晴朗時可眺望富士山。

喜歡沒有任何牆壁和樑柱等遮蔽物，能從客餐廳一眼望盡的環景式陽台。

在客廳眺望著透光的植物和隨風搖曳的枝葉，便感到心滿意足。

「在以前的住處有取得管理公司的同意，除了陽台之外，連通道和樓梯側邊都有栽種植物。」熱愛陽台的N小姐表示。兩年前決定搬往現居的大廈時，寬廣的陽台和良好的日照，內心的雀躍感自然不在話下。雖然中斷了大規模整修，但她僅花了短短一年，便打造出一望無際的綠意盎然空間，也是憑藉熱情展現的神乎其技。

N小姐的花園多半挑選宿根性植物或多年生草本植物，以能長久悉心栽種為座右銘。

選苗時不看長出的花朵與花蕾，挑選花莖結實，葉子朝氣蓬勃的苗，是栽種出生機盎然植物

由於花園令人流連，遂將預定要布置房間的古董放置於陽台上。

模範陽台重點

以偏紫的色調及深色砂漿打造的圍牆為一大障礙。但磚牆風格的外牆、鋪在地板上的天然色磁磚和植物很協調，因此並未加工。

上／將曾在陽台花園使用過的格子窗反過來放，以L形金屬零件固定在磚牆。右上／在兩側隔板上貼圖案和花草相配的壁貼加以點綴。右中／曾有牆板被颱風吹倒，植物變得亂七八糟的經驗，所以以繩子將牆板牢牢固定在曬衣架上。右下／在鐵杆花盆架下面墊兩條木板，避免雨水和澆花型成生鏽，或在地板上產生圓形汙漬。

「這裡也兼作貓咪的散步通道。」

椅子和柔和色調油漆形成對比色，購自清里的〈私のカントリーフェスタ〉。

懷舊風格的電視機和植物的搭配相當前衛，陰極射線管的色調與植物很相配。

的祕訣。「幸好在這裡的植物都沒有枯萎，綠意盎然一整年。紫羅蘭也在栽培兩年後，陸續地開花，變得更可愛了！」

早晨醒來，先到陽台深呼吸是N小姐的例行公事。感受植物的活力近在身邊，以神清氣爽心情展開特別的一天。

Flourish

花團錦簇的陽台花園

受到母親影響，從孩提時代就喜歡植物。
為了在都市也享受到綠色生活，
刻意挑選面朝南方且通風良好的陽台。

DATA

空間尺寸：三個空間內將近1坪的正方形空間＋1坪的細長空間
日　　照：面向正南方・良好
植　　物：三色堇・鐵線蓮・玫瑰・黃木香・聖誕玫瑰・橄欖・風鈴草・山桃草・水仙etc.

一邊啜飲下午茶一邊賞花，是無比幸福的時刻。由於是位在轉角處的房間，藤蔓類植物覆蓋牆面也無所謂，猶如置身庭院。

右／在花盆下鋪設磚瓦，呈階梯式配置，確保日照和通風。中／春天會開出華麗的三色堇。相同顏色栽種在一起，就會呈現連綿起伏的風韻。左／在水龍頭模型下方擺放盛水的陶缸，詮釋彷彿會有水流出的情境。

「縱然陽台花園資歷高達20年，每當花開仍為之感動。」

左／面對易招蚜蟲的三色堇，O先生僅是在土上擺「高滅磷」。下／O先生利用合板組裝上色而成的假窗戶，搭配園藝用具等雜貨，抹煞無機質感。

沐浴在和煦陽光下，隨風搖曳的花瓣。今年O先生庭院內五彩繽紛的花卉，仍帶來極致感官享受。他的陽台花園源自20年前，邂逅了一本心醉神迷的《愛花》（主婦與生活社刊）花園雜誌。「翻開書頁，不禁回憶起孩提時代母親精心打造的庭院，也不禁想到陽台是否能夠重現。」為此他在購買大廈時，挑選朝南通風良好、昆蟲不易飛上來的高樓邊間。話雖如此，在這20年期間，他也曾讓花朵枯萎，面臨陽台栽培的困境。

從日照、澆水、土壤營養等方面下功夫，日積月累下才能呈現眼前欣欣向榮的景色。

「每當颱風逼近時，我會將扶手附近的花盆移到地上進行防護措施。兩年進行一次移植，給

O先生的住處在8樓。鐵線蓮和玫瑰也竄出新芽。開花之日指日可待。

地板鋪設拼裝木地板來隱藏水泥地。還能預防陽光反射，真是一舉兩得。

因為植物也有生命
滿懷避免它們枯萎的想法……

在陽台越冬，綠意盎然的風鈴草。地被植物一律以小花盆管理。

白鐵皮澆花器和鐵鏟是亡母的愛用品。小耙子是掘土的貴重寶物。

模範陽台重點

陽台扶手附近是背陽處，所以容易悶熱。O先生栽種的植物也曾多次枯萎。「不僅花盆內的土容易被風吹落，也會飛到外頭。在澆水時，也必須顧慮到樓下住戶。」

上・左上／將花盆懸掛固定在格子圍欄上，利用以螺絲調整寬度的五金零件固定於扶手上。

為避免花盆的土潑濺，為土壤鋪設樹皮屑。「樹皮屑預防乾燥的效果也很好。」

在扶手蓋上防寒紗抵禦冰冷的風雨，幫助多肉植物度冬。「盡量讓植物曬到太陽。」

土壤空氣和養分。所以每個植物都生機盎然！」

擅長搭配雜貨，締造恬適氛圍的O先生表示：「看到花朵年年開花，才會鬆一口氣。」最喜歡的玫瑰和鐵線蓮爭奇鬥豔的情景也即將到來。

Q. 希望遮蔽空調的室外機。

想打造綠意盎然的陽台，但空調室外機的存在感卻不容小覷。
在有限空間內的無機質龐然大物，對園藝愛好者而言是一大天敵。
本篇將提供解決該煩惱的良策。

全面遮住空調室外機。可以放上架子，或利用掛勾實現立體展示。

以木踏板自行組裝，是遮蔽室外機及配置花盆架的傑作。

腳下、頂板、進一步以牆板和窗框為背景……大膽將室外機設定成陽台花園的主角，算是顛覆性的創意。

這也是以手工製作，展現小屋風格的嶄新創意。藉由設定高度，還能活用兩側進行展示。

A.1 務必要遮蔽室外機。

隨著陽台的整頓，空調室外機也越來越格格不入，所以免不了要遮蔽起來。而且可以為植物增添擺放空間也是一大魅力。至於遮蔽方式，固然可以木踏板、木箱打造遮蔽物，但絕對要避免形成空調故障的原因，因此請先從市售現成商品進行嘗試。

替擺在空調遮蔽用具上的花盆澆水時，要留意避免室外機淋到水。

以剛好尺寸
來活用時尚的
室外機遮蔽用具。

市售的室外機遮蔽用具，不僅有防腐、防蟲的效果，抗震和重量穩定性也比手工製作要來得安心。但購買前一定要先測量尺寸。

橫格類型
京町家黃褐色

寬102 深41 高90cm
¥92124 ㊐タカショー

不但具設計性，還能防強烈日曬，實現冷暖氣設備的最佳效率，也有遮蔽室外機的效果。採取不會堵塞送風口的設計，可以安心使用。

木製室外機
遮蔽用具S

寬85 深35 高76.5cm
¥7980 ㊐青山ガーデン

由於頂板能擺設盆缽或花盆，也可作為園藝作業台。木材採取ACQ處理加壓注入安全防腐、防蟲劑，具有長期防腐、防蟲效果。

正統木板類型
天然松木

寬88 深46 高91cm
¥85212 ㊐タカショー

阻絕灰塵和枯葉，降低異物侵入風扇內部引發的故障及效率降低等問題。松木材質相當適合醞釀自然的醍醐味，質地堅固也可當作工作台。

EC01
室外機專用架

寬85.6 深33.6 高82cm
¥4480 ㊐問青山ガーデン

採用清爽設計，就算超迷你的陽台也能使用。重量輕盈，搬運也很輕鬆。兩側為全開放式，所以毋須擔心蓄熱問題，頂板也可作為園藝作業空間。

㊐株式會社青山ガーデン
http://aoyama-garden.com/
株式會社タカショー
https://takasho.co.jp/

A.3
營造植物＆雜貨的展示空間。

由於陽台的布置空間有限，室外機遮蔽用具，其實有如天助！遮蔽用具上方不僅可以擺設盆缽，若穩定度夠，配置架子也是種創意。

A.4
澆水水管也可以簡潔俐落。

澆水水管對陽台花園來說很方便，但實際使用卻發現意外地礙事。挑選藍色和白色的收納盒，營造天然韻味。

A.5
連配管都能以天然素材遮蔽。

抬頭就會望見的空調管線也很令人傷腦筋。圖中以麻布袋覆蓋管線，再纏繞上假長春藤。佇足於上頭的鳥兒也是一大焦點。

A.6
使用釣魚線將雜貨固定於管線上面。

僅擺放在室外機遮蔽用具上面容易掉落，因此以釣魚線將道具綁在牆板、木框、管線和排水管，還能順便遮蔽無機質牆面，可說是一舉兩得。但得避免承載過重重量。

COLUMN 1

採用綠建築概念
保護植物不受直射陽光傷害

近年來，綠建築一詞已逐漸被大家所熟悉。以花園的概念培育蔓性植物製造陰影，不但能抑止室溫上升，還能保護陽台的植物。

由「三得利」公司開發，「認真蔬菜」系列中的「環保苦瓜」，是很適合打造綠建築的品種。

適逢夏天，當耀眼毒辣的太陽發動攻擊時，跑到陰影處頓時有種得救感。以綠建築的概念栽種蔓性植物便能隔絕日光，不僅能抑制室溫上升，透過植物縫隙吹入室內的風也會降溫，替室內空間增添舒適感。

談到適合營造綠建築的植物，以蔓性及繁衍速度快者為佳。苦瓜和牽牛花算是基本款植物，也有人栽種迷你哈密瓜，還能滿心期盼收穫的到來。

由於採用綠建築的家庭逐年增加中，所以品種開發也很盛行。請挑選如本篇介紹的「環保苦瓜」一類能快速繁衍的植物吧。眨眼間便能孳生不息，堪稱神速！

短短40天，便如此欣欣向榮！

於6月5日定植的「環保苦瓜」（上圖），在40天後的7月17日，茂密的苦瓜已遍布高約2.8m的植物架（下圖）！

綠建築於4至5月，最晚到6月都能栽種。圖中右方是一般苦瓜，左方則是環保苦瓜。同時期栽種，繁衍速度竟是天差地別。

㊌SUNTORY FLOWERS（客服中心）
https://www.suntory.co.jp/flower/

CHAPTER 2

為陽台營造森林＆咖啡店情境

這裡真的是陽台嗎？
在開門的瞬間，
或隔著窗戶映入眼簾的光景，
宛如有鳥兒鳴囀的森林，
或恬靜舒適的咖啡店。
本篇獻上讓人不知置身何處且驚為天人的陽台。
率先介紹的是由生活空間創造師
青柳啓子親手打造的出色陽台。

令人忘記置身何方，
猶如迷途於森林中，
或造訪一間綠意盎然的咖啡店。
在渾然不覺是陽台，
如詩如畫的空間內
接受款待吧！

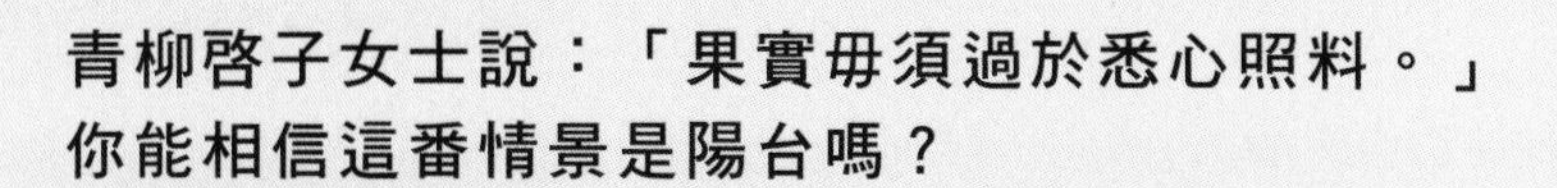

青柳啓子女士說：「果實毋須過於悉心照料。」你能相信這番情景是陽台嗎？

上左／「綠松色、粉紅色、紅紫色等各色妊紫嫣紅的野葡萄，就像天然的寶石」。上右／可愛的迷你白玫瑰是Green Ice。最初綻放時是粉嫩紅，接著會變白，最後轉變為淡綠色。左／將小花插在形狀圓潤呈柔白色的Astier de Villatte瓷器中，並擺在窗邊。與陽台的綠色相互輝映，如詩如畫。

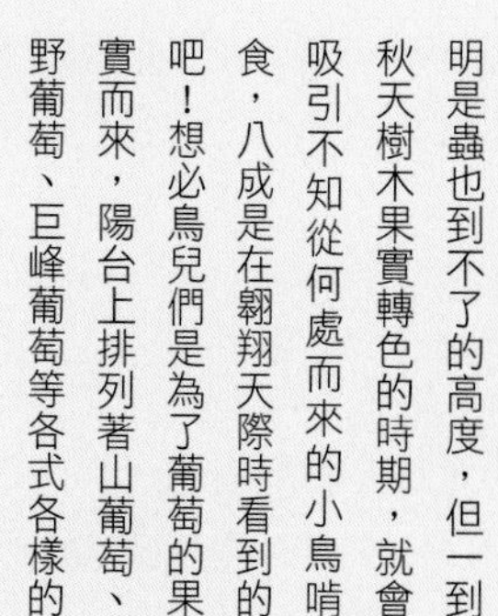

「因為鳥兒曉得這裡有美食吧？」這座綠樂園的主人青柳啓子表示。此處為大廈的7樓，明明是蟲也到不了的高度，但一到秋天樹木果實轉色的時期，就會吸引不知從何處而來的小鳥啃食，八成是在翱翔天際時看到的吧！想必鳥兒們是為了葡萄的果實而來，陽台上排列著山葡萄、野葡萄、巨峰葡萄等各式各樣的葡萄盆栽。藤蔓猶如點綴窗邊般一路蔓延覆蓋至陽台末端。其他還有橄欖及檸檬樹、藍莓等植物。於碧綠鮮豔時分、清麗花朵盛開的時節、轉往結實纍纍的季節，季節的遷移令人翹首以待，猶如一座小型果園。在購自法國的壺內，裝滿採收下的橄欖果實來象徵豐饒。

上左／結實纍纍的山葡萄小果實。上右／沐浴在陽光下的迷你番茄。閃耀紅色的果實飽含活力。也有栽種野草莓、迷迭香、綠薄荷等。左／令人想像不到是陽台的枝繁葉茂，在陽光透過枝葉灑落的日子帶來療癒感受。也是愛犬Maco的遊樂場。

SCENE 1

Tea Room Style

沉浸在森林咖啡店的氛圍。
在綠意的圍繞下，
神清氣爽的享用早餐
或舒心地享用甜點。

右／以陽台對面的遼闊森林為遠景——每當涉足此地，便會情不自禁想深呼吸。上／玫瑰自然地形成阻擋從道路投射而來視線的屏障，締造無所顧忌享用茶和午餐的空間。

White

陽台正時興以白色為基調的空間，還有適合棕色的「仿舊情懷（Junk Style）」。尤其是以白牆壁搭配白餐桌椅，醞釀優雅白色花園，當作自家第二個客廳的愛好者也不在少數。儘管是白色，但新懷舊風格（Shabby Chic）的白，卻能與鮮嫩欲滴的綠色及華麗花朵互相烘托。塗刷時稍微增添剝落感，刻意讓某些部分展現生鏽感……請秉持著「陳舊感」的概念，來打造空間吧！

上／高聳的梣樹可作為遮擋鄰家視野的屏障。將原本是綠色的餐桌組漆成白色。左／每當早上7點，夫妻倆會在此啜飲咖啡，展開新的一天。挑選梣樹、橄欖、金合歡等樹木和香草，是因為比起爭奇鬥豔的花朵，更希望感受到自然風景。

從花團錦簇的陽台開始，替以葉子為中心的綠建築更換花樣，與白色背景相互烘托。

位於深處的白色牆板，宛如森林內的隱匿小屋……這點也要歸功於白色！

被鮮嫩欲滴的花草團團包圍下，令人忘卻居住在喧囂市區。在此地啜飲的紅茶，感覺格外香甜美味。

Green Café

在忙碌的每一天，營造能稍作喘息的空間。在咖啡店享用的咖啡和紅茶，融入店內氛圍，也別具一番滋味。若想在自宅打造綠洲，不妨參考本陽台的布置。運用小餐桌組舒緩身心，欣賞近在身旁的植物，因壓力僵硬的身體也會稍微放鬆。為避免冬天的陽台空蕩蕩，積極栽種宿根草花和多年生花草為一大祕訣。

上／緩慢成長的綠色植物，和以花為主角的陽台相比，不一定能享受到四季氛圍，但鮮嫩綠意也很療癒人心。像觀葉植物或多肉植物等毋須悉心照料的部分也很有魅力。右／陽台是生活忙碌的主婦唯一能獨處的場所……也有這樣的心聲。正因為忙碌不堪，所以才少不了陽台上的午茶時間。

遼闊的屋頂平台。位於風勢強勁的頂樓，花器必須沿著牆壁配置。擺在長椅下靜待上場的幼苗也井然有序。

於地面鋪設磚瓦，替無機質牆面鋪設格子圍籬和牆板。坐在長椅上度過午茶時光，令人心生嚮往。

在陽台上不僅能瀏覽外文書休憩片刻，在伸手所及之處配置了園藝用品，也是可以採用的創意。坐在此處細細整枝修剪。連生鏽的剪刀也別具韻味。

SCENE 2

The View From my Room

從室內望出去的光景，也是陽台花園的醍醐味。
門窗外的寬廣場景，
也能替房間打造視覺上的開闊感。

在忙於家務的空檔驀然抬起頭，如此怡人景致就在眼前展開……

這是大廈全面翻修時，請施工團隊重現在歐洲見過的花園光景的實例。右／鋪設陶磚的內部露台與陽台呈現整體感。上／從古董法式窗探頭望去，令人渾然不覺置身在都心大廈。

Door

從室內望見的光景除了「窗外」，也很推薦「門外」。若是園藝新手，乾脆從門的附近開始著手努力，這樣一來，只要看見外面的陽台景致，就會興致高昂。而且門本來就是縱長的框，讓室內望出去的視線僅聚焦於該處，就能輕易打造如詩如畫的風情。門不要完全敞開，打開八成便能營造外文書上的場景。一開門猶如能通往森林……也替自家施展這樣的魔法吧！

右／花和葉的配置，以從飯廳眺望出去的視野為第一優先。從坐在椅子上的視線來評估決定。上／從陽台向外蔓延的植物擺在花架上，擺放於窗邊以便盡收眼底。

Over the Table

身在室內時，不少人是從出入口兼落地窗眺望陽台吧？想變換花樣時，務必於附近擺放餐桌。即使是一日三餐，心情也猶如置身在時尚咖啡店＆餐廳內用餐。尤其推薦給狹窄到無法擺放餐桌組的陽台。坐在餐椅上，隔桌眺望陽台，想必會感到悠閒自得。

左／堪稱完美的布局「喜愛從這裡望去的景致！」下／黃色蝶形花茂密綻放的金雀花，讓春天的陽台驟然華麗起來。

Window

落地窗也有門框般的效果。但落地窗展現的風景比門的另一端還要寬廣，所以初學者難免要費一番功夫，可是辛苦應該會很有價值。布置陽台，不僅要構思室內望出去的部分，甚至是窗簾及擺設在窗邊的家具，都得一併納入考量。連同室內裝潢，凡眼前所看到的一切都是陽台花園的醍醐味。但反過來說，在視野之外的範圍適度偷懶一下也無妨！

右／在大片落地窗附近靈活運用置物架、櫃子及懸吊雜貨，配置成猶如為庭院的植物裱框般的感受。右下／懸掛的竹籃也是醞釀詩意的角色之一。下／面對即使增添一張小桌椅都嫌擁擠的陽台，隔窗眺望也猶如遼闊空間的一隅。

Q. 想打造花園兼具曬衣場的多功能空間……

縱然希望以植物布滿整個陽台，但少了晾曬衣物和棉被的空間也是一大困擾。取放像棉被和洗衣籃等大型物品時，也有被土弄髒或弄倒盆栽的隱憂……

若陽台空間夠大，便能劃分成曬衣區和花園區，但若陽台不夠寬敞該如何？本篇將介紹三個創意提供各位參考。

A.1 僅將房間望得見的區域劃分為植栽區。

實際上僅於室內望得見的區域布置植物，窗戶兩側是曬衣區。由於室內看不見洗滌衣物，所以能隔絕生活感。

A.2 將牆邊打造成展示區。

植物和雜貨集中於牆邊，曬衣區域安排在空無一物的正中央。

A.3 有效活用格子圍籬。

左／替曬衣區四周圍上格子圍籬，懸掛上植物。曬衣服時，挑選低矮的植物擺在牆邊。下／從客廳放眼望去，完全看不見曬衣區。

Q. 陽台的清掃方式？

陽台與庭院不同的地方在於土、枯花和落葉是天敵。尤其住在公共住宅的人，一旦置之不理，便會帶給樓下的住戶莫大困擾。為免引起糾紛，必須留意要勤加打掃。

清掃方面不妨使用掃地機器人。而將碎報紙沾濕鋪在地板上，再以掃把掃掉也會效果顯著。若要拖地，請先確認樓下住戶是否有晾曬衣物或棉被，確認沒有再進行。

A.2

舊廚房刷具是清潔凹槽的好幫手。

在公共住宅，以大量水沖洗陽台會造成樓下住戶的困擾。因此細部別仰賴水力清潔，靠廚房刷具等來打掃。

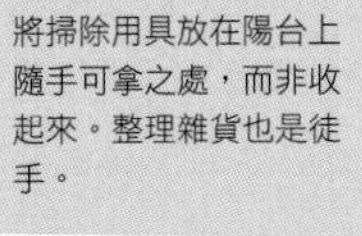

將掃除用具放在陽台上隨手可拿之處，而非收起來。整理雜貨也是徒手。

選擇開口角度能靈活轉動的畚箕較為方便。設計上可挑選雜貨風格。

A.3

使用迷你掃把，枯花＆葉片三兩下清潔溜溜。

迷你掃把是不可或缺的掃除用具。像是地板上的落葉和枯花，容易沿著扶手囤積的土壤，一看見就會立刻想清掃乾淨。

A.1

將掃除工具陳列其中，有必要時就能立刻動手作！

將頻繁使用到的工具收在琺瑯罐內。只要挑選能光明正大展示的雜貨風格設計款，就算工具露出來也OK。

在摘取枯花方面，也推薦採用賞心悅目設計的容器和籃子。外觀比機能性更重要。

CHAPTER 3

提高植物魅力的舞台集錦

自從打造陽台花園後，縱然植物日益增加，
但總覺得仍美中不足，原因就是出在少了伸展台。
單純將盆栽一字排列，充其量只是陽台而已。
逐步遮蔽地板和牆壁等處流露的無機質感，
擺放盆缽和盆栽後，
便會自然而然美得像幅畫。
從現在起，就來為植物打造伸展舞台吧！

STAGE FOR GREEN #1

BOX

無論自然韻味或仿舊風格都能營造的木箱，
是陽台不可或缺的存在。
不僅可避免盆缽直接擺地上，移動上也比拉門方便。
活用酒箱和小家具來打造舞台吧！

以木箱遮蓋牆面

上／配置數個木箱，透過排列重疊的手法，若無其事的遮蓋無機質牆面的創意。還額外增添了裝飾空間。左斜上／底部是有圍雞網的木箱，因此通風良好，是植物也喜歡的環境。

容易移動也是優點之一

即使像欄杆內側等日照和通風均差的場所，擺上木箱就沒問題了。於陽台內只要定期替盆栽連同箱子換位置就好。

挑選同款物品營造統一感

14個酒箱排列組合的創意。使用形狀和顏色各不相同的木箱排列，可打造仿舊風格，採用同款排列，就會化身為自然空間。

木箱的立法也要納入考量

為了詮釋高低差，因此木箱採取直立而非橫放。至於通風良好處最好橫放，這樣穩定性較高。

懸掛式台階

活用收穫穀物時用到的古董木箱，掛上S形掛勾來懸吊植物。

打造成花盆台座

將木箱當作花盆台座，就能自然產生高低差，形成立體的一隅。

懸吊擺設

拿掉酒箱底部，鋪設圍雞網改造的單品。使用S形掛勾輕易就能懸吊。

GREEN TRIVIA 小常識

酒箱

酒箱是陽台的寶物。可直接立起當成花盆台座，亦可於箱內倒土當成花盆使用。進一步拆掉箱底就變成木框，還能圍上圍雞網進行改造。亦可上漆轉變形象。

STAGE FOR GREEN #2

HUNGING

在空間有限的陽台上，
牆面也是值得一看的伸展舞台。
遇到無法利用牆板和圍籬遮蔽牆面時，
大量納入植物和雜貨，
就能自然而然的一掃牆面的無機質感。

有效活用圍籬

右／不使用圍籬遮蓋既有的柵欄，而是直接加以活用，靈活運用S形掛勾懸吊雜貨及植物。讓五彩繽紛的色彩相互輝映的創意。上／以褐色柵欄為背景擺放草編包。

GREEN TRIVIA
小常識

S形掛勾

勾在柵欄和扶手上，便能裝飾盆缽和架子等，是懸吊物品時不可或缺的用具。尤其是像藤蔓系植物、綠之鈴及愛之蔓等往下攀附的植物，便能以S形掛勾來打造舞台。

縱然S形掛勾使用方便，但畢竟只能懸吊，因此得留意強風。

壁架下方也能懸吊物品

以舊木材作為壁架，安裝托架固定在牆板上。
這樣一來壁架上下都能配置物品。

利用ㄇ字型掛勾，就能在不傷害扶手的情況下進行固定

上／以ㄇ字型掛勾，將牆板固定在扶手下方的水泥牆面上。在上方懸吊架子和竹籃。這樣在木箱的上、下方及牆板上方，合計共誕生三層展示舞台。左上／替曬衣場與花園之間裝一扇小門，不著痕跡的劃分區域。左下／為ㄇ字型掛勾寬鬆鎖上螺絲釘，打造能簡易拆卸的規格。

沿著扶手垂吊木踏板

上／用來遮蔽扶手的木踏板，以掛在圍籬上的五金零件來懸吊。就算壁櫃及壁架都被擺滿，也還能繼續裝飾，營造成適合裝飾蔓性植物的空間。右／由於有確實綁緊固定，即使颱強風也不用怕。

於高處設置提燈

提燈是近年人氣水漲船高的單品，可以放入蠟燭或整盆小型植物。

在陽台採用室內層架

採用廚房已經淘汰的衛生紙架，舊用具也頗具自成一格的風韻。

以圍籬遮蔽既有無機質柵欄

利用立放的圍籬將水泥和磨砂玻璃柵欄的荒蕪感一掃而空，再懸吊雜貨及盆缽。

STAGE FOR GREEN #3

FENCE

木圍籬及網格籬笆可以自然遮蔽陽台扶手，
還能為牆面創造許多展示空間，切記要固定牢靠，
以免被風吹倒。

圍籬及網格籬笆

亦即附網格的隔板。多半用於引誘攀藤植物和劃分庭院區域，對陽台卻是遮蔽牆面的好幫手。兩者在園藝世界內並未被嚴格區分，網格籬笆則被定位成裝飾用品。

添加壁掛格子

以圍籬遮蔽柵欄。採用不會擋住光線及通風的壁掛式格架的創意。

將日照不足的場所闢為雜貨專區

以圍籬懸吊盆栽衍生的日照不足區域，是擺放雜貨的好所在。

懸掛花籃

在陽台懸吊盆缽也是種醍醐味，以掛勾便能固定物品。利用盆栽架展示竹籃、鳥籠也是種樂趣。

將市售圍籬漆成白色

上／正因為陽台面積狹窄缺乏深度，圍籬才會成為不可或缺的存在。再將市售圍籬漆成白色提升自然感，據説也大幅改變了從室內望出去的景致。無論是栽種玫瑰的古董深缽（最右邊圖）還是小餐具擺飾（左圖），均是為了白色背景，才能襯托出存在感。

遮蔽原形畢露的水泥

以ㄇ字型專用掛勾固定圍籬，遮掩原形畢露水泥牆壁的範例。

原先是為了防範貓咪逃跑？

其實這個柵欄是用來避免自家貓咪跑到鄰居家陽台才設置的，目前也是懸吊植物的重要寶物。

基本款圍籬原本是給庭院的園藝用具，近年市面上也有推出適合陽台的鐵製輕圍籬，不妨搜尋一下。

將木踏板當成牆板

上／將木踏板固定在鐵柵欄上，遮蔽無機質感。除了在木踏板正面擺設植物外，連上方也可以使用。最右邊／將多肉植物擺在百元商店的蛋糕模具內，塗上沃特科木器塗飾油進行改造。右／為避免土壤溢出鐵絲架，因此鋪設椰纖屑（椰子的纖維）。由於排水性佳，也是多肉植物喜愛的環境。

STAGE FOR GREEN #4

WOOD WALL

鄉村風裝潢少不了的牆板，
用途為點綴室內牆面。
但動手以牆板遮蔽陽台牆面和欄杆，
就會化身為第二個客廳。

從室內望出去的視野也有納入考量

為緩和狹長客廳帶來的壓迫感，替陽台鋪設牆板。落地窗的對面也宛如從房間延伸而出。

GREEN TRIVIA 小常識

板壁

將基本款木板縱向排列，比照木踏板在背面橫釘木條加以固定。就陽台構造方面，最好盡量以輕木板製作，再以五金零件確實固定在陽台上以免被風吹倒。建議使用白色。

GREEN TRIVIA
小常識

木踏板

為維持良好排水性，使用在洗衣場和浴室地板上，還能應用在壁櫥。木踏板多半鋪在陽台地板上，或豎立在牆面展現牆板風格。將原木色漆成白色來使用。

大膽運用有高度的牆板營造室內風格

透過配置高牆板，徹底阻絕來自陽台對面的視線，也省去設置窗簾。左／陽台帶來的森林浴，即便在室內也感覺大自然近在身邊。

上／金毛菊就算以盆種植也能活的很好，是很適合陽台的花。作為一隅的視覺焦點也很棒。左／可在木踏板上固定水龍頭加以點綴，或鑲嵌上小窗。

以牆板來遮蔽

木踏板以五金零件和鐵絲固定在鐵欄杆，由於輕薄，進行鑽孔之類的加工裝飾也很簡單。

可供鎖螺絲釘固定架子等用途的牆板，果然重量還是一大阻礙，因此得以五金零件牢牢固定住。

用來遮蔽牆面也很方便

在陽台的角落集中木箱和雜貨，可以不著痕跡的遮蔽扶手，通風也好。

花廊架+布

架設在陽台上的花廊架（藤架）增添輕柔飄逸的白布，締造優雅巴黎風。

STAGE FOR GREEN #4

INTERIOR ZAKKA

陽台很適合仿舊氛圍。
總歸一句，相當推薦仿舊塗裝斑駁處理的雜貨。
室內是否有想淘汰掉的家具和雜貨呢？
任其暴露於風雨中，隨著時間流逝增添風韻吧！

陽台是客廳的延續

搭配原本用於室內的隔間架和竹籃等雜貨，陽台也能衍生宛如室內的氛圍。

GREEN TRIVIA

仿舊（Shabby）

替年代沒有古董久遠的雜貨和家具，進行生鏽、掉色等仿舊處理。設計師RACHEL ASHWELL創立品牌「SHABBY CHIC」後風行全球，是陽台不可或缺的調性。

椅子和植物相輔相成

椅子除了坐以外，也是締造展示區域的角色之一。左／將兒童椅打造為多肉植物的展示台。中／單純擺張生鏽的椅子，便能替陽台花園醞釀出仿舊氣息。右／在鋪設的石縫間加土，栽種綠珠草遮蔽地面。與花園椅相映成趣，醞釀猶如寬廣庭院一角的情趣。

洗手碗台

能為植物裝飾出立體感的夢幻單品，而且琺瑯製品與植物的調性很搭。

在室內太過浮誇的雜貨

在室內存在感太過強烈的古董招牌，放在陽台卻意外地速配。

古董磚瓦

室內整修時使用的古董磚瓦，讓生鏽的磅秤和鐵鍬當作展示台。

Q. 如何修飾無機質的地板？

由於陽台上沒有土壤，與庭院不同的是無法擺脫無機質感。就算排列盆栽，若隱若現的水泥地板，
也會讓精心打造的氣氛付諸流水。
本篇將介紹各種修飾的創意，其中也包含排水性良好的商品。
但切記不能塞住地板的逃生口！
請先確認好管理公司的規則再導入方法。

除了木踏板鋪地板之外，還在盆栽附近排列磚瓦，詮釋英倫花園氛圍。

地板積水會造成腐蝕跟滋生蚊蟲。將白木板猶如木踏板般配置，可增強排水性。

Wood

A.1

排列木板鋪設木踏板，來提升自然度。

讓水泥地板原形畢露，不光是美觀會有問題，將盆缽直接放在地上會容易導熱，帶給植物不良影響。雖然鋪設地板的素材五花八門，但想營造自然空間，首推木製品，尤其以古木風大受好評。

Floorpanel

A.2

市售拼裝地板
也能提升排水性。

木材、陶瓦、磁磚、人工草皮……陽台用拼裝地板的材質還在陸續開發中。購買前要重新測量陽台的面積，計算拼裝地板需要的片數。拼裝不足的部分，可以木箱等物品加以遮蔽，作業起來也輕鬆多了。

在這配置美觀兼具排水性佳的拼裝木地板。採用規律感設計也能拓寬視覺效果。

右圖鋪設的是30cm的四方形拼裝木地板，也能以美工刀跟剪刀裁切。

若有飼養寵物，也可以將陽台打造成動物的遊樂場。鋪上拼裝地板讓貓咪能悠閒散步。

替牆面貼上外裝壁磚，地板鋪設陶瓦瓷磚，全面遮蔽灰色水泥部分。打造烘托植物的空間。

Terra cotta tile

A.3

鋪上陶瓦瓷磚，彷彿第二個客廳。

以陶瓦瓷磚鋪設陽台，就成為第二個客廳。形成能赤腳行走的舒適空間。但陽台在構造上有重量限制。施工前務必要確認。尤其公共住宅的住戶。就算是按戶出售的住宅，也要諮詢管理公司（工會）。

不限於瓷磚，從陽台末端開始鋪設地板為一大竅門。於水泥介面接著劑上面鋪設瓷磚。

容易形成煩惱的邊角難道要置之不理嗎？只要裁切瓷磚就能量身訂作剛好的尺寸。

將瓷磚擺在水泥介面接著劑上，填補接縫。溢出的部分於乾燥前拭去即可。

採取水能在瓷磚上面流動的構造，平常不會在逃生用隔板前擺設家具。

左圖是參考生活風格誌《我的鄉村》的企劃，嘗試DIY打造的作品。使用核桃殼（上圖）12L及分批購入20個不同色磚瓦（下圖）。營造歐洲田園風格。

鋪設板材、磚瓦、核桃殼來提升自然度。原本核桃殼在園藝界是用來取代砂石等敷蓋材料。輕盈的重量不僅適合陽台，排水性也良好。

Combination

透過組合
磚瓦和木板，
打造宛如
真實花園的一隅。

不僅是遮蔽無機質感，積極將地板材料當作設計的一部分也是種創意。尤其將數種類的材質組合起來，會打造出讓人忘卻是陽台一角的高完成度。但千萬要謹記有重量限制。

拼裝木地板搭配人工草皮的案例。進一步在拼裝木地板穿插假草皮，營造猶如嫩芽從地面探出頭來的情境，是令人忘卻置身陽台的創意。

簡單讓地板變身的推薦用品

BEST 9

本篇將介紹陽台花園的人氣市售商品。
雖然依照自家尺寸，DIY鋪設板材或瓷磚很有魅力，但採用接縫式拼裝地板，
光靠拼接便能在轉瞬間遮蔽兼美化地板。

硬木拼接地板
（南洋櫸木材・6slats）

使用表面加工耐久性佳的硬木（南洋櫸木材）。天然木製。300×300×25mm

磚瓦風橡膠地墊
（褐色）

本地墊並非接縫式而是黏貼式，因此工序更加簡單。廢輪胎回收材料。約1000×1000×30mm

拼接橡膠地墊
（紅色）

適度的彈性也有當作緩衝材的用途。磚瓦風格的設計，無須使用工具便能施工。橡膠製。300×300×25mm

仿真甲板地墊
（灰石）

重現木頭質感，即使淋雨也不易打滑的規格。也可以變換方向排列。樹脂製。300×300×24mm

仿真甲板地墊
（花梨木）

左邊隔壁有色差。如果挑選同系列地墊，利用色差交互排列配置亦可。樹脂製。300×300×24mm

硬木拼接地板
（南洋櫸木材・12slats）

使用表面加工耐久性佳的硬木（南洋櫸木材）。可以三排方格的設計來施工。天然木製。300×300×25mm

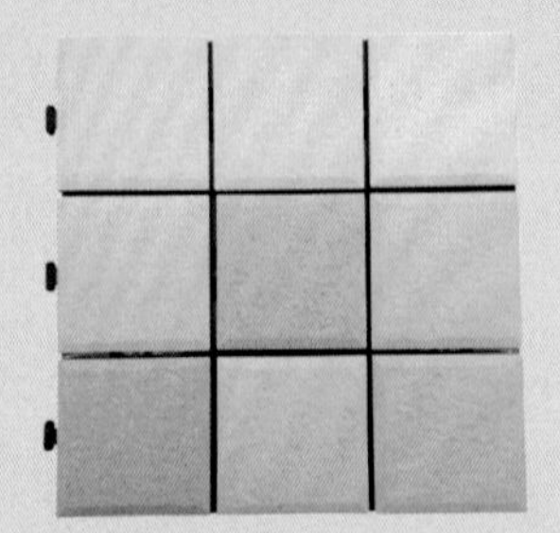

接縫式人工草皮
（MIX3）

若洋溢清潔感的瓷磚也採取接縫式，就省了麻煩接縫作業。赤腳走路的感覺很舒服。300×300mm

接縫式人工草皮
（綠色）

以每片88日幣的超便宜價格，就能施工成草坪風格。初學者先從這種地墊入門也是種方法。樹脂製。300×300mm

仿真甲板地墊
（風鈴木）

仿真甲板系列最受歡迎的一款。由於不易掉色，因此推薦淺色系。樹脂製。300×300×24mm

㊖株式会社Joyful本田　https://www.joyfulhonda.com/

CHAPTER 4

植物×雜貨的
造型創意

整頓好陽台後，
就來加倍發揮植物的魅力吧！
最得力的幫手就是雜貨。
市售園藝用品的效果固然優異，
但不妨運用手邊雜貨、
改造雜貨店的小物當盆缽，
來大顯身手吧！
白鐵皮、水桶、鳥籠……
靈活運用各式各樣的雜貨，
將自己的品味發揮到淋漓盡致吧！

即便不同顏色和系列的市售壺罐齊聚一堂，都能自然形成井然有序的角落。

●移動方便
●打掃輕鬆
●一字排開美得像幅畫

無法露地栽種植物的陽台，自然少不了盆栽。
重量輕盈方便移動的小盆栽是必備品。
單獨擺設也可愛，集中擺放也能相互輝映，
初學者先從善用各種盆栽開始著手吧！

全面使用改造空罐，以生鏽感締造具協調性的展示，很適合多肉植物。

湊齊一系列

祕訣在於湊齊3種以上同系列物品。可以上漆塗裝、使之生鏽等營造一致感。

肥皂架

本來當作清潔收納用途。具有琺瑯的白色、標語的存在感、又方便分裝等特色，也適合作為栽種用途。

琺瑯

自然花園不可或缺的琺瑯製品。尤其是作清潔衛浴用途的琺瑯製品，和葉子很搭。

作為多肉植物盆栽的人氣杓子。握柄方便懸掛。就算讓現成品生鏽也很賞心悅目。

長柄杓

鍋子

直接使用舊鍋，或當作花盆套。以藤蔓纏繞提把也是個辦法。

水桶

當作盆缽，或花盆套的基本款用品。利用錐子等用具自行鑽出排水孔。

便利用品！

利用內部經過防水塗料處理的黃麻布袋來遮蔽盆缽。遇到颱風等情況，將陽台上盆栽暫時移動到室內也很方便。

 要挑選有排水孔的盆缽。如果沒有排水孔，請以錐子等自行鑽孔。等土壤完全乾燥再澆水。

Big

●積極使用庭院用具
●秉持集中於一處的原則
●有效活用家具

正因為空間小，採取顛覆發想，採納大型用具也是種辦法。
利用架子既能進行立體感展示，擺放上花園雜貨，也能展現猶如庭院一隅的氛圍。請與盆缽靈活地搭配組合吧！

於一個家具上面集中擺放盆缽，享受立體的樂趣也是種醍醐味。右上／分格置物架能讓視線集中在小盆栽上，務必參考看看！右下／在分格置物架格內擺設小盆栽，周圍集中擺放大盆栽便能呈現一體感。左上／勾勒出優雅曲線的架子，相當適合懷舊風格的角落。左下／踏板梯也是基本款用具。呈現有律動感的配置。

欄杆

曲線纖細的欄杆僅是立放就詩情畫意，生鏽更是韻味別具。

迷你家具

孩童的家具及桌子風格的踏台，也能替植物營造展示舞台。還漂亮地運用到抽屜。

車輪

是綠色背景的人氣裝飾品。由於沒什麼厚度，並不占空間，適合陽台使用。

手推車

以庭院作業為本，將貨台裝飾的蒼翠欲滴。挑選作為展示用途的小型手推車。

蔬菜箱

仿造蔬菜搬運木箱的蔬菜箱（馬鈴薯）通風良好，很適合當台座。

運用以庭院為意向的小模型、偏大雜貨和日常用具，將無機質的陽台一鼓作氣打造成自然風。

便利用具！

無論是在庭院或陽台上工作都會遇到蚊子，因此在陽台上擺放能穩固蚊香的蚊香盒，再進行庭院工作吧！

替空罐鑽孔，穿過鐵絲就完成了。透過塗裝來提升仿舊感。

●越看越有韻味
●很適合搭配多肉植物
●改造雜貨也很棒

鐵器和白鐵雜貨經過日曬雨淋後，
就會呈現仿舊韻味。
隨時間逐漸鏽化的姿態，
會隨著植物日益茁壯而充滿驚奇感。
請挑選生鏽的盆缽或花器，
親手打造極具氣氛的花園吧！

如果空罐上的商標詩情畫意就會直接採用。暴露在風雨下，就會自然醞釀出一體感。

多肉植物的組合盆栽，小而充實的花器很賞心悅目，因此建議選用形狀窄長的器皿栽種。

白鐵皮會吸熱，有時並不適合栽種植物。最好避免直接擺在地上，盡量擺設在陰涼處。

改造

改造回收的空罐。若手邊有合適物品，可以先預留下來。

灑水桶

捨棄塑膠製品，挑選白鐵皮或鐵製材質的容器，就會隨著鏽蝕化身為盆栽或小道具。以藤蔓纏繞提把和灑水口也很耐人尋味。

迷你模型

可以擺放在分格置物架上，或嘗試改造成庭園式盆景。是詮釋玩心不可或缺的物品。

烘焙模具

利用烘焙模具成列的凹槽，可以栽種多肉植物或擺放盆栽。

鐵絲籃

可搖身一變為仿舊風格的花盆套。只要鋪上椰子纖維與土壤，就能代替盆缽。

即使是顏色和設計各不相同的物品，歷經風雨後就會自然形成仿舊韻味。

花籃也行！

儘管不會生鏽，歷經風雨後也會衍生獨具一樹的風韻。

便利用具！

以色列發明的創意花盆「Greenbo」。花盆中央有凹槽，能固定在扶手和橫杆上的設計。寬度最大能對應到約8cm。盆栽和水盤一體成型。

㊐株式会社青山花園
http://aoyama-garden.com/

Variety

●淘汰的物品
●居家布置雜貨
●模型雜貨

讓陽台增色的雜貨端看個人創意。
如果室內用品用壞或用膩時，
請檢視「是否能成為盆缽」或「生鏽後會變的如何？」
肯定能賦予陽台嶄新面貌！

鳥籠

彷彿能聽見鳥兒鳴囀……鳥籠與植物的組合，是外文書內常見的擺設。

用不到&沒在用的物品

試著在淘汰物品之前，先檢視是否能在陽台派上用場。如果有掉色或是缺角，與植物會驚人的匹配。左上／餅乾盒盒蓋。右上／將用不到的茶壺當作盆栽。左下／沒在使用的盆栽調性一致，一字排開也別具風味。右下／也可替空瓶插上一朵花。

幫浦

是陽台不會有的設備。僅是擺設井水幫浦，就會輝映成景。

窗

四面牆壁環繞的陽台。以窗為意象布置物品，便能營造比實際更遼闊的視覺效果。

蛋糕模具

淺底的蛋糕模具，可用來當成多肉植物的盆缽，或集中擺放小盆栽營造組合盆栽風格。

玩心

不妨擺一尊森林的妖精、娃娃及動物小模型吧！與之四目相接時，就忍不住會心一笑。

餵鳥器

在餵鳥器上擺設盆栽。垂落藤蔓隨風搖曳的節奏也很賞心悅目。

水龍頭

雖然在園藝家之間不可或缺，但陽台上的是水龍頭模型。這股風潮應該還會繼續延燒。

COLUMN 2

雜貨和隔扇都能靠塗裝簡單DIY！
以塗料和油漆刷，讓陽台搖身一變成迷你花園。

BEFORE

替公共住宅內極為常見普遍的陽台塗裝「牛奶漆」後……

廣受歡迎的「牛奶漆」推出室外專用款！

使用牛奶作為原料的天然塗料。全14色。
200ml（1至1.4 m²份）¥900

先前所介紹能讓陽台花園增色的各類雜貨如何？為了讓陽台化身為綠洲，純粹排列盆栽略嫌美中不足。雜貨和家具的存在感，可增添植物的魅力，打造更加舒適的空間。DIY塗裝更是醞釀氛圍不可或缺的元素，善用塗料就能使空間徹底脫胎換骨。

希望大家能體驗DIY愛好者都很熟悉的「牛奶漆」。牛奶漆是適合潤飾古董風的塗料，對於手工藝愛好者而言是一大寶物，缺點是不耐風雨。如今市面上終於推出能彌補該缺點的產品，也就是室外用牛奶漆。例如將市售圍籬、帶提把的雜貨及家具都塗裝上牛奶漆，便能營造新懷舊風格（Shabby Chic）的風韻，請親眼見證這個戲劇化的效果吧！

AFTER

❶ 牆板：奶油霜
❷ 小抽屜：奶油霜
❸ 盆缽：灰泥灰
❹ 踏板梯：鄉村橄欖綠
❺ 盆缽：奶茶米灰
❻ 圍籬：天然薄荷
❼ 椅子：天然薄荷
❽ 鳥籠：天然薄荷

AFTER

❶ 牆板：奶油霜
❷ 踏板梯：鄉村橄欖綠
❸ 名牌：天然薄荷
❹ 窗框：天然薄荷
❺ 改造盆缽：合歡黃
❻ 盆缽：古典玫瑰
❼ 迷你灑水器：蔓越莓紅
❽ 迷你灑水器：合歡黃
❾ 盆缽：奶茶米灰

AFTER

❶ 圍籬：天然薄荷
❷ 梯子：灰泥灰
❸ 盆缽：天然薄荷
❹ 盆缽：霧霾藍
❺ 盆缽：奶茶米灰
❻ 盆缽：古典玫瑰
❼ 盆缽：奶茶米灰
❽ 盆缽：合歡黃

替素燒陶盆塗裝「牛奶漆」時——

素燒陶盆在塗裝後，可能會出現剝落的情況，所以需要上底漆。直接塗上「萬用底漆」（或將底漆和水以2：1的比例稀釋），彷彿滲透陶盆般塗裝底漆。待乾燥後在上面塗抹「牛奶漆」。

問 ターナー色彩株式会社　http://www.turner.co.jp/

⑤冬天的防寒對策

Q. 冬天想要繼續享受園藝樂的方法。

花草分成一年生、二年生、多年生。一年生代表於播種後一年會成長、枯萎的植物。二年生則是播種後在兩年內成長完畢並枯萎的植物。即使入冬，地上部分枝葉也會殘留，到了春天就會冒出新芽的多年生。還有每年冬天枯萎的根系會休眠，反覆生育和開花的多年生植物。若是沒考量到壽命循環挑選植物栽種，隨著氣候寒冷，陽台也會空蕩蕩地了無趣味。

在冬天也能觀賞到的就是耐寒的多肉植物。至於觀葉植物，由於多年生植物只會剩下根，不妨挑選藍雛菊等多年生草本植物吧！就CP值方面較為推薦。

A.1 以椰纖屑遮蔽。

鋪設椰纖屑（椰子的纖維）保溫除霜。還能抑止塵土發生及防蟲入侵，是一年四季皆通用的敷蓋材料。

A.2 以核桃殼遮蔽。

核桃殼（空殼）也是頗受歡迎的敷蓋材料。栽種宿根及多年生植物時，事先灑在盆缽表面，夏天可預防乾燥、冬天則具保溫效果，也是除霜對策之一。木屑也有相同效果。

A.3 勤於換位置。

即使是耐寒性佳的多肉植物，也要盡量進行日光浴。於陽台內移動位置，定期放入室內。因此越冬植物最好栽種在小盆內。

A.4 選擇耐寒性佳的植物。

希望大家除了多肉植物外，也挑選多年生植物。像常春藤、天竺葵、蘆筍、香雪球、康乃馨、大丁草、藍雛菊等。尤其是常春藤外觀楚楚可愛，是陽台花園必備植物之一。

A.6 以屋頂遮蔽。

氣候變冷時，勤於審視植物的狀況，盡可能撈到室內。尤其是零度以下算是緊急狀況。如果移動不易，最好採用塑膠布溫室。放入像水族箱等玻璃容器內也有效。

A.5 溫室用品為強力好夥伴。

為避免土壤乾燥、溫度劇烈變化、泥沙飛濺、流出，可仿照右頁以敷蓋材料遮蔽。有樹皮的木屑（木頭）、腐葉土、落葉、還有椰纖屑跟核桃殼……等五花八門的素材，請挑選符合環境的使用。利用水箱和玻璃罩製作簡單溫室也是一種辦法。

A.7 無論如何只要遮蔽即可。

如果無法左圖使用真正的遮篷，也可利用曬衣竿及陽台遮陽布搭建成帳篷。活用伸縮桿，將塑膠桌巾或裝潢保護膜充當屋頂亦可。

陽台花園守則

居住在公共住宅的你若想打造陽台花園，就必須遵守某些條件。
雖然近年來有越來越多出售的住宅擁有適合從事園藝的陽台，
但切記別忘了保持逃生路線暢通以防萬一。
請務必遵守以下5大守則。

RULE 1 別堵住逃生路線！

陽台是居住空間的一部分，同時也是你與鄰居的逃生路線。配置圍籬、擺放家具或盆缽時，請秉持以防萬一的意識來預留空間。尤其嚴禁在隔板（可踹式逃生板）前面擺設物品堵塞逃生路線。若想享受真正的花園樂，乾脆將適合花園的物品移至轉角房間吧！

RULE 2 勤加打掃

每當澆水時，難免會溢出土壤，產生落葉和花瓣……陽台花園免不了成為排水口堵塞的原因。所以要勤加清潔排水口。進一步為排水口蓋覆蓋絲襪，或使用廚房專用三角瀝水網，在垃圾流下去前先阻止。至於掃除方式，請參考P.48的方法。

RULE 3 範圍別超過欄杆

從陽台的扶手和欄杆外側，看得見懸吊植物的自宅。雖然從外面眺望，猶如置身在國外宅邸般美麗，但其實這種行為相當危險，容易因為強風和地震落下，招惹到意想不到的事故……除非所有物品都牢牢固定，不然基本上嚴禁露出欄杆之外！除了盆栽外，會往下落的還有塵土、花瓣、葉子等。如果落在鄰居洗好的衣服或棉被上，可能會引發糾紛。

RULE 4 小心翼翼地澆水

替植物澆水時，要留意的並非只有植物。也別忘了顧慮到附近鄰居。例如替懸掛在圍籬上的盆栽澆水時，樓下住戶曬在欄杆上的棉被，就有被潑濺到的危險。雖然有點麻煩，將懸吊植物拿下來再澆水是最保險的作法。擺在其他地方的植物，也請緩慢並一點一滴的灌溉。

RULE 5 留意風大的日子

對陽台菜園而言，雨、酷熱和寒冷都是天敵。想必各位平時已想好因應對策。但也別忘記風。風會颳起比想像中還多的土壤、葉子及花朵。沒有確實固定好的盆栽甚至還會傾倒或墜落。當然有強風預報時要特別注意，但平常也得留心。

請遵守住宅相關安全規定。

CHAPTER 5

打造陽台花園的基本技巧

在陽台花園內，最重要的就是健康栽種植物。就算將環境整頓得再美麗，如果主角的植物纖細瘦弱，也無法打造綠洲。買回來的幼苗該如何栽種？組合盆栽該怎麼作才好？來學習與庭院截然不同，專屬陽台的栽種技巧吧！

GREEN TRIVIA 1

種苗技巧

替買回來的幼苗脫盆，直接移到盆缽如何？
倒土前請務必費點工夫。
只要這樣作，即便是陽台也能養出活力充沛的植物。

1 準備土壤（於陽台栽種時，以輕盈為優先，可作懸掛用途為佳）・盆底石・盆底網・肥料（緩效性）。

2 雖然市售土壤已添加有助植物生長的肥料，還是將緩效性肥料混入土壤作為基肥使用吧！

3 像這樣充分攪拌土壤。以手混合比較快，不想弄髒手的人，可以小鏟子攪拌。

4 以盆底網覆蓋盆底的排水口。盆底網能幫助排水，預防爛根、幼苗立枯病。

8 這是根的下部。將白色的根剝離土壤，讓根鬆開。當根離開結塊的土壤向外發展，可以促進成長。

9 仔細審視土壤表面和幼苗的生長狀況。清掉垃圾、撕掉褪色及枯萎的葉子，整株就變得很漂亮。

10 將幼苗放入盆缽。離盆缽邊緣下方1cm（灌溉空間）是絕佳位置。嵌入土壤調整高度。

7 將3和6暫時放在盆缽內。為避免澆水時土壤溢出，所以要調整土量，預留約1cm高的灌溉空間。

6 替幼苗脫盆。遇到栽種許多植物時，沒必要鬆開或抖落結塊成盆栽形狀的盆土。

5 配置盆底石。擺放時要避免盆底網移位。能遮住盆底網的分量就夠了。盡量選擇重量輕盈的石頭。

12 以免洗筷將土壤壓密實，同時替形成的空隙填補土壤。以免洗筷使勁戳土，不必手下留情。

11 替幼苗和盆缽縫隙填補土壤使之穩固。填補時要避免高度超過灌溉空間。

13 澆上充足的水就完成了。每種植物適合的盆缽大小和肥料量都不一樣，請詳閱說明資料。

GREEN TRIVIA 2

組合盆栽技巧　觀葉植物篇

將鮮嫩欲滴的植物齊聚一堂，竟然宛若花束！
本篇匯集了礬根、玉簪等耐陰植物，
將組合盆栽的方法學起來吧！

1 將幼苗暫時擺在盆缽內。尚未熟練者，可以將盆缽擺在身體正面，並將較高的植株配置在後面，作業起來會較為方便。

2 仿照P.80至81的步驟，鋪設盆底網、盆底石後加土。以最高的幼苗為基準來調整土量。

3 從顏色和形狀來看，選擇礬根當主角。以土墊底調整高度，放入盆缽內。其他幼苗則視整體協調性進行配置。

4 替較矮的幼苗下方多補點土，以土墊底的同時也配置其他幼苗。將土的表面調整至同高。

5 組合盆栽比想像中還容易形成空隙。避開葉子接連不斷的補土，使植物穩固。

6 比照前頁，以免洗筷插入盆缽邊緣，將土壤壓密實。要留意別埋住灌溉空間。

7 中央部位往往容易讓人忽略。因此要於盆缽正中央填土。此時盆缽已分量十足，因此挑選重量輕盈的土壤很重要。

8 以免洗筷刺入盆缽正中央，繞圈攪動。這樣會讓土壤像沙穴般下沉，所以要再追加土壤。

＼完成了／

9 充分澆水後就完成了。組合盆栽不僅賞心悅目，還能節省空間，是陽台不可或缺的存在。

GREEN TRIVIA 3

組合盆栽技巧 多肉植物篇

談到多肉植物，組合盆栽為醍醐味。
將顏色和形狀各不相同的多肉植物種在同個盆栽內，
既能節省空間，還能大幅提升美觀程度。

1 準備多肉植物，盆缽，盆底網和石頭。若是新手，選擇不同色彩的多肉植物，較容易取得協調性。

2 替植株脫盆，撥開土壤將植物分開。手不必太用力土壤就會自然分開。若撥不開請跳到下個步驟。

3 如果土壤不會自然分開，以手指輕輕撥掉土壤。以輕撫的方式鬆土，順勢去掉多餘的土壤。

4 將所有想組合盆栽的植株，如右圖般拆解排列。掉落的芽先留著不要扔掉。

5 所有植株集結成一束，以手緊握固定。以雙手捏飯糰的力道握住。

6 將植株放入盆缽（放不進去時，要重握調整。），以手指往下壓固定土。這樣就暫時告一段落。

7 加入椰纖屑（椰子的纖維）裝飾。別只是將椰纖屑鋪在土上，要以手指按壓來固定。

\完成了/

8 椰子纖維也有避免土壤溢出的功用。如果是多肉植物，盆缽沒有排水口也無所謂，但要留意避免給水過多。

落芽
放回塑膠盆

多餘的土壤放回塑膠盆，將落芽平放在土壤上。切記不要給水。放置一段時間後就會發根，再移植到盆缽內就好。

GREEN TRIVIA 4

播種技巧

若從種子開始栽培，普遍會在盆缽和花盆內播種。
但陽台栽種失敗率卻意外地高……
不妨利用農用岩棉栽種吧！

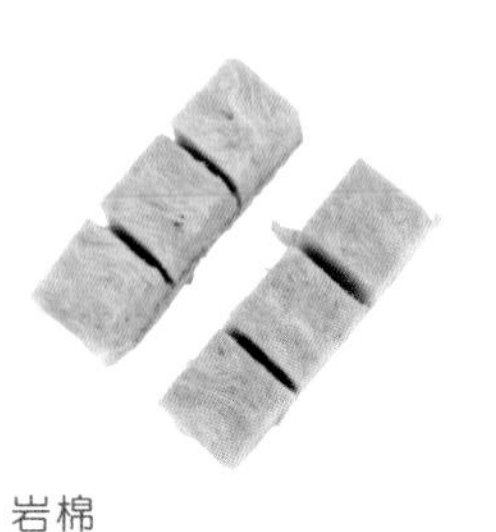

岩棉

原本岩棉（石綿）是種被用為隔熱或吸音的人造礦物纖維。最近市面上也有販售色彩可愛的產品，因此也有很多人擺在桌上，讓種子順其自然的發育。

1 準備農用岩棉，吸水用底盤，想栽種的種子。岩棉只要使用必要分量就好，其餘的放回袋中。

2 以牙籤、竹籤的平頭，在岩棉正中央搓出能掩蓋種子的洞穴（約2至3mm）。

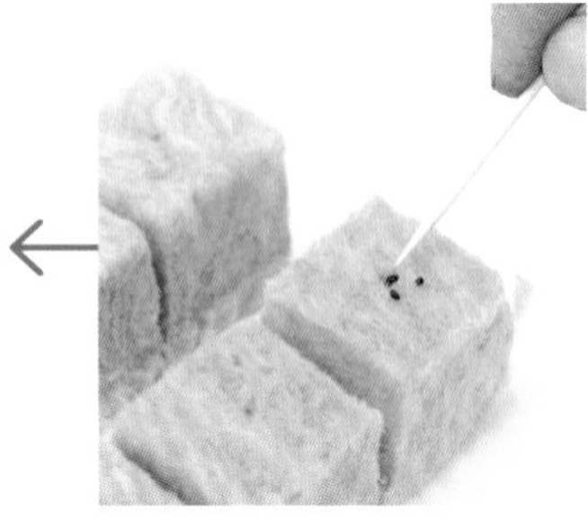

3 每個洞放入2至3粒種子，以牙籤推入洞內。

4 以裝水的噴霧器充分噴溼岩棉。直到發芽前，底盤要經常維持蓄水狀態。

5 將噴溼的岩棉放入花盆內。希望趕快發芽的人可以先放室內。發芽後再連同岩棉埋入盆缽的土內。

GREEN TRIVIA 5

挑選生機盎然幼苗的技巧

陽台的栽培環境不像庭院那樣得天獨厚，所以比起種子更適合栽培幼苗。挑選上最好避開搖晃後會晃動不穩、稀疏（細弱）、葉色淡薄的弱苗。

GREEN TRIVIA 6

分株技巧

植物在發育過程中，難免會發生營養不良而瘦弱、或陰影處增加導致植物生病等狀況。
當培育過剩，就是分株的信號。
所謂分株，便是將茁壯長大的植物分成好幾株的繁殖方法。

1 生長到溢出盆外，精力旺盛姿態相當可愛的多肉植物。話雖如此，若是下部植物無法吸收營養，就代表該分株了。

2 脫盆後，捧住植物。只要稍微用點力，就會自然鬆開，形成分株的狀態。

3 分別仿照P.80至81的作法調整生長環境，將植株移植到盆缽。於空隙補土穩固植株。

4 為避免植株根浮起，以手指將植株按壓到土裡。根會因為撥弄變得容易浮起，所以要特別注意。

＼完成／

5 分株完畢，變成兩盆。步驟2產生的落芽，可比照P.83的方法栽培，又會活力充沛的成長。

指導者 田中光江子女士

JOYFUL本田新田店園藝中心的販售員＆講師。本人也是陽台園藝家。「將羅勒栽種於盆內，發芽時就會食用或採收進行疏苗。」帶入主婦視角，栽種各種植物，也很擅長組合多肉植物盆栽。

JOYFUL本田新田店
群馬　太田市新田市野井町556-1
㊥ 9：00至19：30（園藝中心）
http://www.joyfulhonda.com/

GREEN WIKIPEDIA

栽培輕鬆＆賞心悅目！

推薦！適合陽台花園的花草

PART 1

先從健壯的植物開始栽種吧！

植物圖鑑

鮮嫩欲滴、綠葉魅力十足的植物，外觀好看兼具實用性的香草，
還有歷經一年仍能欣賞到的多肉植物。
本篇嚴選陽台花園達人有實際栽種的植物。
儘管只有一株也如詩如畫，建議躍躍欲試的新手從這篇的植物開始栽種！

觀葉植物

雖然需要勤於加水，卻是栽種跟繁殖都別有一番趣味的植物。
也是很受歡迎的室內裝飾品。

礬根

在缺乏日照的地方也能生長，葉色會變化成紅、銀、橘、紫、黑等豐富色彩，也是很受歡迎的組合盆栽植物。可以擺在陽台的欄杆下面或陰涼處。

垂葉榕

捲曲葉子討喜可愛，屬葉榕的一種。喜愛日照及通風良好的場所。葉色為深綠色。新芽是淺綠色，可以欣賞到葉色濃淡之美。由於不耐寒冷，冬天必須養在室內。

常春藤

藤蔓會不斷蔓延，屬於五加科常綠蔓性灌木。耐寒暑容易健壯生長，在沒有直射陽光的陰涼處也能生長。不僅是室內植栽的基本款，也可適合當作組合盆栽的輔助角色。

橄欖

以果樹的身份廣為人知，但帶銀色的美麗葉背，也是陽台上的人氣作物。擺在向陽處生長、避免澆水過多。由於最高可達3m，所以要勤於修剪。

鈕釦藤

會無盡生長蔓延的蓼科植物。纖細的莖散發紅褐色光澤，遍布約1cm左右的卵形葉，不斷分枝繁茂生長。莖貌似鐵絲，忌高溫潮濕。

灰綠冷水花

具蔓性。小巧偏銀系的葉子，種在白鐵皮罐內會成為仿舊裝飾。橫向蔓延最常可達30至50cm。不耐直射陽光，最好擺在通風良好、偏明亮的陰暗處。

嬰兒淚

原產於地中海島嶼，常綠多年生草。纖細的莖朝地面匍匐蔓延，3mm左右的小葉稠密生長。雖然性喜日照，但要避免直射陽光，也不耐乾燥。

黑三葉草

也有四葉、黑葉的品種。最好栽種在日照良好的場所，但夏天最好擺在通風良好的明亮處。生長環境類似鈕釦藤，共同栽種可打造組合盆栽風格。

金合歡

這是分布於熱帶、溫帶地區約1200種品種中的一種亞洲種。早春綻放惹人憐愛的蓬鬆小黃花，為陽台招惹春意。最高可達6m的常綠半灌木。要勤於修剪。

越橘

杜鵑花科常綠灌木的總稱。是美國、加拿大感恩節不可或缺的存在。偏愛溼潤的土壤和半日照。冬天葉子會變成紫色，適合作為組合盆栽的對比色而廣受歡迎。

Sugarvine

5片鋸齒葉呈圓形排列垂曳，是蔓性常綠多年生草。喜歡向陽處到偏明亮的陰暗處。由於最長可蔓延至約10m的距離，所以過長的藤蔓必須適度定期摘芯。

香草

初學者也能輕鬆栽種。
不但外觀可愛，
還能進一步活用在像料理等多種用途，
真是一舉兩得！
也很適合用來飽嚐園藝氛圍。

奧勒岡

義大利料理的名角。在能照到陽光之處以半日照培育。縱然耐寒，卻不耐高溫潮濕的夏天。容易栽種卻會挑環境，如果失敗連連，就得學會忍痛放棄。

百里香

常綠小灌木和匍匐性等種類豐富多元，相當耐寒。卻不耐高溫潮濕的夏天，在梅雨季前得剪枝改善通風。可替料理增添風味，乾燥後可以製作成撲撲莉香氛罐。

素馨

挑選排水性佳的土壤很重要。雖然偏愛日照良好的場所，但夏天要移動到半日照的地方。耐寒溫度為5℃，依照各地區條件，即使到冬天也能在陽台培育。

迷迭香

莖會不斷蔓延生葉，經過一年就能收穫葉子。乾燥後的迷迭香葉可用來泡香草茶或當作辛香料。植株最高能長到20cm至2m，秋天到春天會開出淺色花朵。

薄荷

健壯且繁殖力強，冬天遇霜也會留根，到了春天就會發芽的宿根草。不耐乾燥，土乾要立刻澆水。但也容易爛根，也要留意澆水過度。

芫荽

以香菜的身份在泰國料理登場並廣為人知。由於作為食材的頻率意外的高，會想栽種在陽台上作為常備作物。要避免土壤乾燥。播種適合於春秋兩季，並摘取掉新葉。

野草莓

野草莓的一種。喜歡通風跟日照良好的場所，當植株成長後，莖基部會長出走莖，猶如匍匐在地面般延伸，結出紅色小果實。

景天／乙女心

景天科。像雷根糖般偏圓潤的鮮綠色葉子。葉片頂端渲染成紅色的姿態，就像雙頰粉嫩的少女而得其名。賞心悅目的形狀呈多枝叢生。是自古以來就有的品種。

多肉植物

不僅可愛又容易栽培。
而且也耐寒性也強！
與生鏽的雜貨很搭，
是陽台花園不可或缺的存在。

景天／白霜

景天科。被白粉覆蓋，叢生著猶如小花般螺旋狀小葉片。洋溢高山植物氛圍。不耐夏日暑氣，必須適時進行疏苗等來改善通風。

吊燈花／愛之蔓

夾竹桃科。愛心形的葉子惹人憐愛，葉背為紅紫色。長長垂曳的藤蔓適合垂吊，秋天會開出淺綠色花朵，冬天會稍微落葉。由於生長快速，每年要移植一次。

伽藍菜／寬葉不死鳥

景天科。鮮明的綠葉。鋸齒狀的葉子頂端，結有許多小不定芽。散落生根的模樣相當有趣，是小孩子自由研究的人氣題目。

擬石蓮花／白牡丹

景天科。從白色到淺桃色的厚肉葉片密集成螺旋狀，分量感十足。土乾澆水。索性等葉子出現皺紋再澆水亦可。

鐵蘭／松蘿

菠蘿科。高大的莖蔓延並垂落。銀葉系。喜歡能避開直射陽光的明亮環境，偏愛高濕度。別名為西班牙水草(Spanish Moss)。分成粗葉種和細葉的Fine品種。

風車草／朧月

景天科。略帶粉紅的厚肉葉片成螺旋狀展開。旺盛伸長形成群落。會垂落在石牆上繁殖的強健度，正因為葉插也很簡單，所以適合初學者。

PART 2

一年四季繁花似錦

花卉圖鑑

創業於1835年，除了園藝愛好者之外，
也受到農家長年信賴的タキイ種苗。
以世界頂尖的育種技術為傲，
開發的品種多達2000種以上！
本篇將介紹タキイ種苗嚴選出的
替陽台增添華麗的花卉。

秋海棠 「燈籠」系列

by タキイ種苗

清新綠色的小葉和花色形成美麗的對比，可愛重瓣花綿延不絕的綻放。

●幼苗移植：4至9月

耐熱，健壯又容易栽種的一年生草。約2cm的球形重瓣花，猶如全面覆蓋植株般茂密綻放。而且春天到秋天都毫不間斷持續開花的四季開花性。屬於能輕易摘除枯花的品種，所以超適合陽台。

SPRING

春季開花花卉 BEST 3

矮牽牛 「茂密」系列

●幼苗移植：4月下旬至5月左右

多花型小輪種。節短，分枝力旺盛，植株呈拱狀展開，綻放的花朵多到幾乎覆蓋整個植株。由於是為國內專程開發的品種，因此能承受日本的梅雨和夏天的高溫。透過摘芯（剪枝）可以從春天開花到秋天。

by タキイ種苗

花徑約4cm，尤其以色彩鮮豔的品種居多，是會開出足以全面覆蓋整個植株的花朵。

五彩石竹 「北極星」（Telstar）

by タキイ種苗

緊密叢生的五彩石竹，可當作盆栽或組合盆栽，用途相當廣泛。在全世界都很受歡迎。

●幼苗移植：4月中旬至5月中旬

無論何時播種都會在短期間內開花的四季開花性。很耐寒暑，露地栽培也可以。適合擺在日照良好的場所。植株長到15至20cm就會開始開花。盆土表面乾掉就澆水，直到水從盆缽底孔排出才足夠。

GREEN TRIVIA

小常識

摘芯

促進植物成長的一種照顧方式。以手摘取掉長莖頂端的芽，或以剪刀剪掉。這樣一來，莖側面生長的芽較容易生長。打造植株橫向擴展的茂密姿態。

向日葵 「富陽」系列（Sunrich）

by タキイ種苗

2015年，荷蘭梵谷博物館設置的向日葵迷宮，總計使用了12萬5000朵向日葵。

●播種時期：4至8月

從播種到開花分成45日，50日和55日的類型。完全一枝獨秀且不會冒出花粉，保鮮期長。可利用在室內布置和花籃等，是最高品質的切花品種。

SUMMER

夏季開花花卉 BEST 3

美人蕉 「熱帶」系列（Tropical）

by タキイ種苗

從播種開始栽種的矮美人蕉，是タキイ的獨家專屬品種。耐熱，從初夏到秋天的漫長期間皆可觀賞開花景緻。

●播種時期：4至7月

原產地為熱帶亞洲・非洲・中南美洲的多年生草。像這種從播種開始栽種，植株頂多長到40至60cm的矮品種為專屬品種。最短會在75天開花。耐熱，從初夏到秋天，都會在陽台綻放出熱帶色彩的亮色系花朵。

鼠尾草 「夏日寶石」系列

by タキイ種苗

曾在美國最具權威園藝競賽中（「All-America Selections(AAS)」）獲獎的品種。

●播種時期：5至6月

花序小而緊密，相當耐熱容易栽種。接二連三的開花，是從夏天到秋天都能欣賞到的人氣品種。

GREEN TRIVIA 小常識

剪枝

將過長的枝和莖剪短，是修剪作業的一種。也被稱作摘芯。透過剪枝讓植株小且集中，改善通風和植株底部的日照。仿照摘芯切掉的莖，會生出新的側芽，也有增加開花數量的效果。

AUTUMN 秋季開花花卉BEST3

大波斯菊 「混色」系列（Sensation Mix）

by タキイ種苗

從種子便能簡單培育的大波斯菊。具有與可愛形象大相徑庭的堅韌，是很推薦給剛學播種新手的花草。

●播種時期：4至8月

最受歡迎的種類，是花朵可達8cm的巨大輪種。植株會以超過1m的高度開花。屬於早開型。當切花花材也很適合。播種後，約60至90天後就會開花。

香菫菜 「花之力量」系列（Floral Power）

by タキイ種苗

能跨越季節長時間欣賞到花團錦簇的系列。具有圓花瓣可愛花型，植株緊密聚集的香菫菜。

●播種時期：10月

秋季播種的一年生草。花色豐富開花期長，由於不會長高也不會過於橫向生長，無論是陽台和花壇都很受歡迎。只要勤於摘取落花（開花完畢的花），新的香菫菜就會接連不斷的開花，展現可愛活力的姿態。

三色菫 「自然」系列（Nature）

by タキイ種苗

即使從秋天到冬天的期間也毫不歇息的開花，耐寒性強，是健壯和分枝良好的品種。許多花徑4cm的小輪種花紛紛綻放。

●播種時期：10月

具有豐富的花色又容易培育，除了栽種於陽台，作為組合盆栽或懸掛式花籃等也很受歡迎。生長旺盛又耐寒，某些地域在冬天也會開花的那份堅韌也是一大魅力。不曉得該如何抉擇第一盆植物的人務必一試。

GREEN TRIVIA 小常識

疏苗

從播種後萌生的新芽中，留下貌似生命力堅強的芽，其餘從土壤拔除。放任所有幼苗生長，植株之間太過擁擠造成通風不良，肥料也會運送不佳，因此是非常重要的作業。

(問)タキイ種苗株式会社 http://www.takii.co.jp/

冬天也想享受陽台花園樂趣

少不了的多肉植物

為了讓多肉植物生長旺盛，「必須栽培於室外」，接觸室外的太陽及風吧！想欣賞時也可擺在屋內。

你知道多肉植物也會變紅嗎？沒錯，多肉植物並非整年度皆為綠色。春夏會呈現清爽耀眼的綠色，秋冬渲染成鮮紅和黃色的姿態。「這與陽光有關」，於千葉縣浦安經營多肉植物工坊的TOKIIRO這麼說。TOKIIRO是由近藤義展先生和友美小姐夫婦搭檔，提倡以多肉植物打造藝術擺飾。

想培育出健康的植物，少不了陽光・空氣・水，其中又以陽光最重要。在陽光強烈的季節，多肉植物葉內的葉綠素便會發揮效用，隨著季節變遷陽光變弱，無形中也削弱了葉綠素的力量，使紅與黃色素得以發揮力量。名為「紅葉祭」的多肉植物，也許就是因為顏色的變化方得此名。望著在秋天染上鮮紅色，綻放絢麗多彩的紅葉祭，內心不禁也浮現秋天眺望紅葉的情境，是風靡萬眾的多肉植物之一。

由此可知，多肉植物會於一年四季展現多變風貌。會因應氣候和環境產生萬般姿態百看不厭。TOKIIRO表示：「無須費心，只須留心。」多肉植物只要數週澆水一次，省時又省力。相對來說也得留意多肉植物每天的變化。這樣除了多肉植物之外，也會替從旁觀望的我們灌注源源不絕的活力。

多肉小宇宙：多肉植物的生活提案

TOKIIRO◎著

定價：380元

陽台園藝家的愛用品

在既沒土、又缺乏日照的陽台上栽種植物，免不了悉心照顧。
本篇將介紹園藝家們的愛用產品，
從中找出自家陽台的必需品吧！

土

除了營養之外，也須考量輕盈度

優質有機培養土

不只輕盈，還充分添加緩釋長效肥料的土壤。添加硬質炭預防爛根，珍珠岩提昇透氣性、透水性後，就變成名副其實的優質培養土。

懸吊盆栽用土

雖然市面廣泛販售符合植物種類的土壤，但礙於陽台收納空間有限，因此推薦不受種類和擺設方式侷限，以輕盈為賣點的懸吊盆栽用土。

含水蔬菜栽培專用土

放入花盆和盆缽後澆水，約10分鐘左右就會膨脹6倍的土。原料是椰子，保水性和透氣性優異。重量輕盈，簡直像是為陽台量身訂作。可當成可燃垃圾丟棄也是一大魅力！
（根據地方自治團體可能也有例外）

肥料

請詳讀使用說明

蔬菜・果樹・花 液態肥料

濃度太濃反而會讓植物枯萎。請事先詳讀說明書，依照規定稀釋使用。附單手按壓就能簡易測量的量杯。

MY GARDEN VEGEFULL

效果能持續3至4個月，也能用於追肥基肥的緩效性的粒肥。灑在土壤表面上就能使用，省去攪拌混合的工序。添加會賦予土壤活力的腐植酸和植物性有機質。

花工場（原液）

園藝家熟悉的花工場也能運用在陽台上。配合植物需要的均衡營養，連同食用植物也涵蓋在內，各種植物均能安心使用。稀釋使用也經濟實惠。

蔬菜・香草的肥料

這裡的肥料並非只有養分，連蔬菜和香草食用時的安全性也能放心。由於香草近似野生，所以要避免施肥過度。

防寒對策

對抗冬季寒冷＆強風

防蟲＆風・寒 塑膠布

採用於幼苗周遭插4個支撐桿，圍繞塑膠布的構造。保護栽種時尚未充分紮根的幼苗不受風和寒冷的攻擊。

防風網

陽台免不了遭遇強風侵襲，所以請大家務必常備防風網。除了防風對策之外，也有防止飛沙走石的效果。

幼苗屋頂

是可以保護幼苗不受大雨襲擊，覆蓋整株幼苗的類型，追肥也很簡單。除了替幼苗保溫・防寒以外，也可作為防蟲、防鳥的對策。上層有透氣孔。

塑膠布溫室

越冬不可或缺的輕便尺寸溫室。由於有3段，植物的收納盆數遠比外觀看起來更多。而且結構簡單，組裝上也很輕鬆。

方便＆妙點子

5大推薦用具

防蟲鋪墊

能反射光線預防害蟲。此外還有預防雜草及土壤乾燥。對土壤也有保溫效果適合花盆。

土壤調節活力君

只要混在舊土內，可以讓5個寬65cm的花盆土壤恢復活力，調節為適合植物的生長環境。讓土壤能循環使用，相當環保。

盆底炭

用來代替盆底石。具有驅蟲和蛞蝓等預防污染雜菌繁殖的效果，使用後也可以攪拌至盆土內當成土壤改良劑。

自動澆花器

利用細軟管內部往上吸的力量來適度滲水，是不在家的期間簡單替植物澆水的給水器。配合空寶特瓶使用。

溫醋

預防植物病害和長蟲，同時也有殺蟲效果。由於是100%純醋的食品成分，在收穫前皆可使用。醋的力量也能賦予植物活力。

㊟株式会社 ジョイフル本田 http://www.joyfulhonda.com/

Epilogue

過著忙碌每一天的你，家中的植物充裕嗎？

早晨有神清氣爽地睜開眼睛嗎？

待在自宅，也能享受到咖啡廳般的氛圍嗎？

在心靈略微疲憊的時刻，有提供私人寧靜休憩的場所嗎？

想被植物療癒嗎？

看來活在現代的我們，果然還是需要陽台花園。

植物會每天一點一滴地變化。

換言之，本書中所介紹的陽台

想必早已變了模樣。

昨天，今天，明天。

或許在栽培生生不息植物的過程中，

也會讓我們一起成長吧！

——在令人不自禁懷抱這種想法的陽台小空間內，

來場嶄新的發現吧！

Staff
採訪執筆／伊藤嘉津子
小山邑子
攝影／中村寬史
木谷基一
宮濱祐美子
武藤奈緒美
執行・校正／福島啓子
助理編輯／重志保
設計／畑 道代（Cream）

綠庭美學 06
Green garden aesthetics

親手打造一坪大的
森林系陽台花園

授　　　權／主婦與生活社
譯　　　者／亞緋琉
發　行　人／詹慶和
執 行 編 輯／劉蕙寧
編　　　輯／黃璟安・陳姿伶・詹凱雲
執 行 美 編／周盈汝・韓欣恬
美 術 編 輯／陳麗娜
內 頁 排 版／周盈汝
出　版　者／噴泉文化館
發　行　者／悅智文化事業有限公司
郵政劃撥帳號／19452608
戶　　　名／悅智文化事業有限公司
地　　　址／新北市板橋區板新路 206 號 3 樓
電　　　話／(02)8952-4078
傳　　　真／(02)8952-4084
網　　　址／www.elegantbooks.com.tw
電 子 信 箱／elegant.books@msa.hinet.net

2019 年 11 月初版一刷
2023 年 06 月二版一刷　　定價 380 元

經銷／易可數位行銷股份有限公司
地址／新北市新店區寶橋路 235 巷 6 弄 3 號 5 樓
電話／(02)8911-0825
傳真／(02)8911-0801

國家圖書館出版品預行編目資料

親手打造一坪大的森林系陽台花園 / 主婦與生活社授權；亞緋琉譯 . -- 二版 . – 新北市：噴泉文化館出版 , 2023.06
面；　公分 . -- (綠庭美學 ; 06)
ISBN 978-626-96285-7-5 (平裝)

1.CST: 庭園設計 2.CST: 造園設計

435.72　　　112007843